BEI GRIN MACHT SICH IHR WISSEN BEZAHLT

- Wir veröffentlichen Ihre Hausarbeit, Bachelor- und Masterarbeit

- Ihr eigenes eBook und Buch - weltweit in allen wichtigen Shops

- Verdienen Sie an jedem Verkauf

Jetzt bei www.GRIN.com hochladen und kostenlos publizieren

Katrin Niemann

Unterrichtsstunde: Entdeckungen im Hunderterfeld - Orientierung im Zahlenraum bis 100 (3. Klasse)

GRIN Verlag

Bibliografische Information der Deutschen Nationalbibliothek:

Die Deutsche Bibliothek verzeichnet diese Publikation in der Deutschen National-
bibliografie; detaillierte bibliografische Daten sind im Internet über http://dnb.d-
nb.de/ abrufbar.

Impressum:

Copyright © 2006 GRIN Verlag GmbH
Druck und Bindung: Books on Demand GmbH, Norderstedt Germany
ISBN: 978-3-640-26805-4

Dieses Buch bei GRIN:

http://www.grin.com/de/e-book/52989/unterrichtsstunde-entdeckungen-im-hunder-
terfeld-orientierung-im-zahlenraum

GRIN - Your knowledge has value

Der GRIN Verlag publiziert seit 1998 wissenschaftliche Arbeiten von Studenten, Hochschullehrern und anderen Akademikern als eBook und gedrucktes Buch. Die Verlagswebsite www.grin.com ist die ideale Plattform zur Veröffentlichung von Hausarbeiten, Abschlussarbeiten, wissenschaftlichen Aufsätzen, Dissertationen und Fachbüchern.

Besuchen Sie uns im Internet:

http://www.grin.com/

http://www.facebook.com/grincom

http://www.twitter.com/grin_com

Unterrichtsentwurf 02.03.2006

Lehramtsanwärterin:	Katrin Niemann

Schule:

Klasse:	3

Datum:	02.03.2006

Zeit:	07.45 – 8.30

Fach:	**Mathematik**

Thema der Stunde:

„Entdeckungen im Hunderterfeld"

Orientierung im Zahlenraum bis 100

Stellung in der Stoffeinheit: **Zahlenerweiterung bis Einhundert anhand des Hunderterfeldes**

Stellung der Stunde:

Ei.	F/Wdh.	F
Erweiterung des Zahlenraumes 0-100	F. und Wdh. der Zahlen 0-100	ZR 0 – 100 mit Freiarbeit

Inhaltsverzeichnis

1. Angaben zur Einheit

1.1 Lehr- und Lernziele

1.1.1 Grobziele

- Die Schüler festigen ihre Kenntnisse im Zahlenraum 0 – 100 durch verschiedene Übungen (Tastübung, Ordnen, Vergleichen, Zählen).
- An drei Stationen vertiefen die Schüler ihre Kenntnisse und werden im Umgang mit dem Hunderterfeld gefördert.
- Der jahreszeitliche Bezug zum „Frühling" wird durch ansprechendes Material hergestellt.

1.1.2. Feinziele

- *Kognitive Ziele:*
- Die Schüler lernen sich anhand der Piktogramme in den Unterrichtsphasen orientieren (Chr., P.).
- Wiederholen und Festigen des Gelernten durch anregendes Material – Motivation (alle)
- Rekapitulieren von Vorwissen hinsichtlich des ZR 0 – 100 durch Zählen (vorw./rückw.), Ordnen und Vergleichen (alle)
- Um Erkenntnisprozesse zu stützen, werden Verstehenssicherungen durch Wiederholung der Aufgabenstellungen durch die Schüler (bes. Chr., F.) eingebaut.
- Die Gedächtnisleistung – besonders die Merkfähigkeit – wird in der Zusammenfassung durch Wiedergabe des Inhaltes der Stationen (alle, bes. Chr.).
- Schaffung von Transparenz hinsichtlich des Stundenablaufs durch die ZO und die Piktogramme (Chr., P.)
- Sicherung des Aufgabenverständnisses durch Erklären der Stationen sowie die Verwendung von Piktogrammen (A., Chr., D.)
- Hilfestellung hinsichtlich der Handlungsplanung durch Verwendung von Laufzetteln (F.)

Sprachheilpädagogische Lernziele:

syntaktisch – morphologische Ebene:

- Förderung von Satzbildung durch Satzmusterangebote in Form freien Sprechens zum Einstieg/ im Gespräch/ beim Auswertungsgespräch zur Ergebnisdarstellung (alle, bes. Chr., A.).
- Erweiterung sprachlicher Kompetenzen, im Besonderen Artikulation und syntaktische Komplexität durch Vorgabe von Satzmustern, Sprechen im Satz (bes. Chr., A.)
- Schulung der Sprechflüssigkeit, Ausdrucksfähigkeit durch Sprachbegleitung und durch (taktil, visuell) anregende Materialien (alle, bes. Chr., A.).

3

semantisch – lexikalische Ebene

- Der Inhalt der Stationen wird durch selbständiges Erlesen bzw. Bildunterstützung richtig erkannt und bearbeitet (alle, bes. A.).
- Arbeit am Wortschatz durch Satzmuster- bzw. Wortgruppenvorgaben während der Einstiegsphase, Ergebnisdarstellung und im Auswertungsgespräch (Chr., A.).
- Förderung der Lesefähigkeit durch Unterstützung mit Bildern (A., D.)
- Förderung der Synthesefähigkeit durch Erfassen des Wortes „Frühling" während der Auflösung des Rätsels von Station 3 (Chr., A.)

pragmatisch – kommunikative Ebene

- Förderung der Sprachentwicklung und Sprechfähigkeit durch anregende Unterrichtsmaterialien und Kommunikation während der Freiarbeit (A., D., Chr.)
- Förderung der Selbstregulation durch Einhalten der Kommunikationsregeln (z.B. „Ich melde mich")- P., I., M.

phonetisch – phonologische Ebene

- Korrektives Feedback fördert die Satzbildung (Julia, Chr.).
- Durch das Angeben der Anlaute der Namen in der ersten Unterrichtsphase wird die phonetisch – phonologische Differenzierungsfähigkeit geschult (Max, Chr.).
- Förderung deutlicher Artikulation durch Aufzeigen von Lautgebärden (D., Philipp, Julia, Chr.)

Sensomotorische Lernziele:

- Förderung der optischen Wahrnehmung und Differenzierung durch das Erkennen und Zuordnen der Zahlen im Hunderterfeld, Ordnen und Vergleichen (alle).
- Förderung der Figur – Grund – Wahrnehmung durch das Erkennen der Grapheme im Hunderterfeld, die sich durch das Eintragen von Zahlen in demselben ergeben (A., I., M.)

Sozial – affektive Lernziele:

- Anregung der Lernfreude und Motivation durch den freudvollen Einstieg (alle, bes. P., Chr., D.)
- Förderung sozialer Kompetenzen innerhalb des Stationslernens durch Anregung zu gegenseitiger Rücksichtnahme und Unterstützung (bes. Chr., I., P.)
- Rituale am Tagesbeginn schaffen Sicherheit und tragen zu einem angenehmes Klassenklima bei
- Schaffung von Transparenz hinsichtlich des Stundenablaufs durch die ZO und die Piktogramme (Chr., P.)

4

- Schulung Selbstkontrolle durch den Einsatz von Verhaltens-Kärtchen (kleine Helfer):
  - Chr./ P. / M. / F. „Ich lerne leise"
  - I. / A. / D. „Ich melde mich"

- Förderung der Selbständigkeit durch das Bearbeiten der Stationen (A., M.)
- Förderung Selbst- u Fremdeinschätzung durch d. Auswertung der Arbeit und d. Verhaltens (I., Chr.)
- Stärkung des Selbstvertrauens durch Schaffung von Erfolgserlebnissen durch differenziertes Anforderungsniveaus (alle)

Diagnostische Absichten:

Gelingt A. das selbständige Erfassen und Bearbeiten der Stationen? Wird es P. gelingen, selbst regulierend auf sein Verhalten einzuwirken und seinen „kleinen Helfer" zu benutzen?

2. Bedingungsanalyse

2.1 Beschreibung der Lerngruppe hinsichtlich der Stunde

In der Klasse lernen zurzeit 15 Kinder - sechs Mädchen und neun Jungen. Carolin, A. und P. sind neu in die Klasse gekommen und wurden von allen gut aufgenommen.

Aufgrund der Schülerzahl wurde die Klasse in den Fächern Deutsch und Mathematik geteilt, um das individuellere Arbeiten möglich zu machen. Da das Lernniveau sehr heterogen ist, wurden die Lerngruppen in eine leistungsstarke und -schwächere zusammengestellt.

Insgesamt ist die Zusammensetzung der Klasse hinsichtlich des Lernniveaus als sehr heterogen zu bewerten. Während D., M. und I. weitestgehend selbständig arbeiten können, brauchen besonders Kay, Julia, Tim, Carolin und Sven individuelle Betreuung.

Die räumlichen Bedingungen machen offene Unterrichtsformen, wie zum Beispiel Partnerarbeit möglich. Der Klassenraum ist groß, übersichtlich und hell. Partnerlernen, Wochenplan oder Freiarbeit werden von den Schülern gern angenommen, da sie ihre Selbständigkeit fördert und auch das Selbstbewusstsein stärkt (bes. D.).

Das *soziale Klima der Lerngruppe* zeichnet sich durch einen offenen, toleranten und freundlichen Umgang miteinander aus. Es ist immer wieder zu beobachten, dass einige Schüler (leistungs-) schwächeren in der Bewältigung schulischer und alltagsbezogener Anforderungen ohne erzieherischen Hinweis helfen.

Zentrale Rolle hierbei nehmen *I.* und *P.* ein. *P.*, der mit seinem ausgeprägten Kommunikationsdrang häufig in unsachlich und undurchschaubar erscheinende Äußerungen abrutscht, wird häufig durch seine Mitschüler in die Schranken gewiesen. Phasenweise scheint die Klasse durch *P.`s* Verhaltensauffälligkeiten etwas eingeschüchtert – es ist zu beobachten, dass sie sich dadurch im Lern- und Unterrichtsprozess gestört fühlen. *Max, A.* und *Sven* zeigen oft ängstliche Reaktionen auf *P.'s* impulsives und ausagierendes Verhalten. In diesen Situationen wird sofort pädagogisch eingegriffen (z.B. durch den Versuch von Verhaltens-modifikationen oder der Umstellung des ursprünglichen Unterrichtskonzeptes). *P.* fällt es schwer, konstruktive Beziehungen zu seinen Mitschülern zu entwickeln. Er benötigt zur Bewältigung des Unterrichtsalltags feste und sich ständig wiederholende Strukturen. Unangenehm hingegen sind für ihn unübersichtliche, hektische und neuartige Situationen. *P.* wird von seinen Mitschülern trotz seines unvorhersehbaren Verhaltens akzeptiert und als Mitglied der Klasse geschätzt.

Die Lernatmosphäre der Lerngruppe ist weitestgehend als positiv zu bezeichnen. Insgesamt ist die Klasse durch viel emotionale Zuwendung und Lob zu motivieren und arbeitet ihren Fähigkeiten entsprechend mit. Es ist wichtig, mit hohem Persönlichkeits- und Handlungsbezug zu arbeiten, damit alle Schüler in der Lage sind, gesetzte Unterrichtsziele mit gutem individuellem Erfolg zu erreichen.

3. Sachanalyse

Zur Erschließung ihrer Lebensumwelt ist es wichtig, dass die Schüler grundlegende mathematische Kenntnisse erwerben. Dazu gehört unter anderem ein gesichertes Zahlenverständnis. Die Schüler werden von Zahlen und Ordnungen umgeben. Sei es die Anzahl der Stifte in ihrer Federtasche, die Anzahl der Mitschüler, das Ordnen von Spielkarten, beim Telefonieren oder beim Einkauf, u.v.m. Zukünftig werden auch ihre Zensuren Zahlen ausgedrückt. Aus dieser Sichtweise heraus ergibt sich die Gegenwarts- und Zukunftsbedeutung des Mathematikunterrichts. Im Mathematikunterricht der Förderstufe I lernen die Schüler den sicheren Umgang mit natürlichen Zahlen im Zahlenraum von 0 – 100. Ziel ist es, ihre Ordnung sowie einige grundlegende Beziehungen zwischen ihnen kennen zu lernen und beherrschen zu lernen. Für die Erweiterung des Zahlenraumes stellt der Aufbau des dezimalen Stellenwertes eine wichtige Grundlage dar. Zehn Einer werden zu einem Zehner, ein Zehner zu einem Hunderter. Die Ergebnisse solcher Bündelungen werden in einer Stellenwerttafel dargestellt. Eine weitere Variante, den Zahlenraum bis 100 zu erschließen, bietet die Arbeit mit der Hundertertafel, die einen Schwerpunkt in dieser Stunde darstellt. Die Hundertertafel betont den Ordinalzahlaspekt der natürlichen Zahlen, mit deren Hilfe die Schüler in dieser Stunde ordnen und vergleichen sollen.

Im Folgenden wird auf den Vermittlungsaspekt der Stunde eingegangen.
Das Stationenlernen als eine Form des offenen Unterrichts bietet durch seine Struktur die Möglichkeit, ganzheitliche Betrachtungsweisen von Inhalten umzusetzen.

Es kann an unterschiedlicher Stelle einer Unterrichtsreihe stehen und somit zur Erarbeitung, zur Einführung, zur Wiederholung oder zur Festigung von Themen und Inhalten dienen. Wird das Stationenlernen als Erarbeitung eingesetzt, sollte der Inhalt mit unterschiedlichen Arbeitsformen erschlossen werden können und mehrsinnige Erfahrungen ermöglichen. Viele Vorteile der Freiarbeit sind auch innerhalb dieser Unterrichtsstunde mit dem Lernziel Festigung von Kenntnissen erkennbar:

- die Schüler lernen handelnd – aktiv,
- haben Bewegungsmöglichkeiten zwischen den Stationen
- können die Reihenfolge der Stationen weitestgehend selbst bestimmen

Für Schüler mit Lernbeeinträchtigungen bietet Freiarbeit weitere Potenzen:

- die Schüler sind lernmotiviert und arbeitenintensiv,
- einem vorzeitigem Ermüden durch geminderte Ausdauer- und Konzentrationsfähigkeit wird durch den Wechsel von Anspannung (Arbeitsphase) und Entspannung (Wechsel der Stationen) entgegengewirkt
- vielfältige Zugänge zum Thema durch gezielte Auswahl von Lernmaterial
- differenzierte Angebote und individuelles Lerntempo

Stationslernen sollte einem ritualisierten Ablauf folgen. Dabei führt ein Anfangsgespräch in die Arbeit ein, legt Regeln fest, gibt Zielorientierung. Im Sitzkreis werden die Stationen besprochen und gleichzeitig Fragen geklärt. Die Arbeit an den Stationen erfolgt eigenverantwortlich in Einzelarbeit. Kontrollmöglichkeiten für jede Station sind vorhanden. Im Abschlussgespräch werden die Ergebnisse vorgestellt und die Arbeit ausgewertet.

Die Regeln der Freiarbeitwerden eindeutig geklärt:

- die Schüler arbeiten ruhig und nehmen Rücksicht aufeinander,
- dabei orientiert sich jeder Schüler möglichst selbständig im Raum,
- bei Fragen wenden sich die Schüler an den Lehrer

In dieser Stunde wird die Freiarbeit aufgrund der Orientierungsdefizite der Schüler so organisiert, dass die Materialien am Stationentisch bereitliegen. Die Schüler nehmen die Arbeit mit an ihren Platz. Während die Aufgaben der Pflichtstationen (Tulpe, Schneeglöckchen, Krokus) in Einzelarbeit durchgeführt werden, liegen an der Wahlstation (Osterglocke) Aufgaben zur Partnerarbeit bereit.

4. Didaktisch – methodische Analyse

Der Mathematikunterricht nimmt in der Förderstufe I eine zentrale Rolle ein. Um die abstrakten Themen erschließen und durchdringen zu können, müssen solche Inhalte ausgewählt werden, „[...] die für die Schüler zugänglich, verstehbar, bedeutsam und anwendbar sind [...]"[1]. Für den Mathematikunterricht heißt das, den Schülern sichere Fertigkeiten im Umgang mit natürlichen Zahlen bis 100 zu vermitteln. Im Hinblick auf die Ziele des Mathematikunterrichts heißt das:

- die Lerntätigkeit ist so zu gestalten, dass vor allem durch vielfältiges praktisches Handeln und direkte Auseinandersetzung mit den Unterrichtsthemen anwendungsbereite Kenntnisse, Fähigkeiten und Fertigkeiten erworben werden
- der Unterricht ist so zu gestalten, dass die Schüler Freude an den eigenen Beiträgen empfinden und damit die Fähigkeit erwerben, sich für andere Interessen zu öffnen
- Aktivität und Selbständigkeit der Schüler bei der Erfüllung von Aufträgen ist besondere Aufmerksamkeit zu schenken
- der Erfahrungsschatz der Schüler wird erweitert

In dieser Unterrichtsstunde sollen die bisher erworbenen Kenntnisse im Zahlenraum 0 – 100 im Stationslauf gefestigt werden. Die Schüler sollen grundlegende Fertigkeiten des Addierens und Subtrahierens, des Ordnens und Vergleichens im Bereich der natürlichen Zahlen bis 100 festigen und dabei sind sie zunehmend zu befähigen, Transferleistungen zu erbringen. Für diese Stunde wurde die Methodik der Freiarbeit gewählt, weil die Schüler in geöffneten Unterrichtsformen motivierter arbeiten, ihre Selbständigkeit gefördert wird und sie sich durch die LAA und Mentorin individueller betreuen lassen. Darüber hinaus liegen die Materialien der Freiarbeit an einem festgelegten Standort bereit, da die Variante des Stationskreislaufes in dieser Lerngruppe aufgrund der beeinträchtigen räumlichen Orientierungsfähigkeit (Chr., F., A.) sowie der Einschränkung in der Handlungsplanung und – steuerung (F., I., Chr.) als ungeeignet erschienen. Vergangene Stunden zeigten, dass aufgrund dieser Einschränkungen massive Unruhe entstand, die konzentrierte Arbeit beeinträchtigte.

Die vorliegende Stunde ist in 4 Sequenzen unterteilt.

- Hinführung / Motivation
- Zielorientierung / Motivation
- Übung
- Auswertung / Abschluss

---

[1] Rahmenplan der allgemeinen Förderschule M – V, Bd. 2, S. 22

8

Hinführung / Motivation

Die erste Phase der Stunde wird mit einem Ritual eingeleitet. Die Schüler dürfen sich zur Begrüßung hinsichtlich ihrer Befindlichkeit selbst einschätzen. Gekennzeichnet wird dies mit einem Smilie an der Tafel. Dies dient zum einen als Vorbeugung von Eskalationen (P.) zum anderen als Einstimmung auf den Schultag. Kommen die Schüler vorbelastet in die Schule und haben nicht die Möglichkeit, über ihre momentanen Probleme zu sprechen, ist die schulische Leistung und der Freude am Lernen an diesem Tag beeinträchtigt. Besonders für P. ist es wichtig, einen Ansprechpartner zu haben, da sich seine Unruhe schnell auf alle Schüler verteilt und Eskalationen mit Mitschülern oder Schülern auf dem Pausenhof entstehen können. Anschließend wird der Tagesablauf besprochen (Stundenplan, Aufgaben, etc.).

Rituale sind geschlossene Erlebnisformen, die durch wiederholte Handlungen, einen erkennbaren szenischen Aufwand und eine Aufmerksamkeit für Details im Ablaufgeschehen zum Ausdruck kommen.[2] Pädagogische Rituale sind insbesondere gekennzeichnet durch:

- eine vereinheitlichende Wirkung
- den wiederholenden Charakter mit festgelegter Handlungsfolge
- ein aufmerksam vollzogenes Geschehen
- einen im sozialen Zusammenhang vollzogenen Prozess der Interaktion[3]

Für die Schüler dieser Lerngruppe und der gesamten Klasse hat das Begrüßungsritual mehrere positive Aspekte. Den Auffälligkeiten in der räumlichen und zeitlichen Orientierungsfähigkeit wird entgegengewirkt, indem durch feste Strukturen Sicherheit vermittelt und das Selbstvertrauen der Schüler gestärkt wird (P., D., F.). Durch den wiederholenden Charakter ist den Schülern der Ablauf bekannt. Auf diese Weise werden die Schüler in dieser Form bei der eigenen Handlungsplanung gestützt (Chr., F.). Pädagogische Interventionsmaßnahmen werden damit weiter reduziert.

Zu dieser ersten Unterrichtsphase dient als Hinführung eine kleine Übung, in der die Schüler Zahlen ertasten sollen. Diese Übung ist bereits bekannt und beliebt. Auf kleinen Pappkärtchen wurden aus Schleifpapier Streifen (Zehner) und Vierecke (Einer) aufgeklebt. Mit dieser taktilen Übung soll die Wahrnehmungsfähigkeit und die Kenntnisse im Zahlenraum 0 – 100 gefestigt werden, wobei der Schwerpunkt in der Förderung taktil – kinästhetischer Wahrnehmung liegt. Besonders wichtig ist diese Übung für Chr. und A., da diese große Auffälligkeiten in diesem Bereich aufweisen. Für P. ist es hingegen nicht leicht, erst zu tasten und dann zu kontrollieren. Ihm fällt es schwer, nicht eindeutige Situationen auszuhalten. Selbstregulation hinsichtlich des Verhaltens wird bei ihm mit dieser Übung genauso geschult wie der taktile Anteil.

---

[2] vgl. Kaiser in Kaiser/Pech, 2004, S. 211
[3] ebd.

Die Zahlen werden ungeordnet durch die LAA an die Tafel geschrieben. Aufgaben zum Ordnen, Vergleichen und Zählen folgen. Hier zeigt sich, in wie weit die Schüler in diesem Zahlenraum bereits gefestigt sind und die Termini „Zehner", „Einer" sowie die Begriffe „vorwärts/rückwärts" beherrschen.

Zielorientierung / Motivation

Dieser Phase kommt in der Stunde besondere Bedeutung zu. Hier werden der organisatorische Ablauf der Stunde / des Stationsablaufs, inhaltliche Fragen und die differenzierten Verhaltensziele der Schüler besprochen. Entscheidend in dieser Sequenz ist die Lehrersprache. Aufgrund der eingeschränkten auditiven Merkfähigkeit (Chr., F., A.) sowie des beeinträchtigtem Aufgabenverständnisses (Chr., F., A., M., I.) werden Anweisungen kurz und knapp und in angemessenem Sprechtempo formuliert. Zur visuellen Stütze befinden sich auf dem Arbeitsblatt, an den Stationen und auf den Laufplänen einheitliche Symbole, um den Schülern die Zuordnungen in die einzelnen Bereiche zu erleichtern. Es wird angestrebt, dass die Schüler die drei Pflichtstationen (Tulpe/Schneeglöckchen/Krokus) bearbeiten. Für die schnellen Rechner liegt Zusatzmaterial an der Station „Osterglocke" bereit.

Vor Beginn der Freiarbeit werden noch einmal die Regeln der Arbeit mit Hilfe der „kleinen Helfer" besprochen:

- Chr./ P. / M. / F. „Ich lerne leise"
- / A. / D. „Ich melde mich"

Jeder Schüler erhält außerdem seine Namensklammer, die er bei Fragen oder Problemen an den dafür vorgesehenen Streifen neben dem Lehrertisch heftet. So wird Unruhe vermieden und die Schüler lernen, sich in Geduld zu üben (I., P., F.).

Diese Form der Verhaltensregulierung ist den Schülern bereits bekannt und beliebt. Durch die Verwendung der "kleinen Helfer" werden die Schüler persönlich angesprochen und entsprechende Verhaltensnormen angebahnt (P., A.) bzw. weiterentwickelt (I., D., Chr., M., F.). Die Symbole befinden sich zum einen auf dem Tisch sowie auf den Laufplänen, um die Schüler bei der Erreichung ihres Ziels anzuspornen.

Nach der Zielorientierung erfolgt die Bearbeitung der Stationen in der Übungsphase.

Übung

Die Übungsphase wird mit einem Klingeln eingeleitet. Die Schüler nehmen sich einen Arbeitsauftrag und gehen damit an ihren Platz, um ihn dort leise zu bearbeiten. Die drei Pflichtaufträge gliedern sich in folgende Bereiche:

- „Tulpe" – Eintragen der fehlenden Zahlen in das Hunderterfeld
- „Schneeglöckchen" – Ordnen der Zahlen
- „Krokus" – Eintragen der Zahlen in das leere Hunderterfeld
- „Osterglocke" – Zusatzaufgaben: Domino, Nachbahrzahlen im Hunderterfeld finden

Die Arbeitsaufträge sollen die Schüler selbst erfassen. Als Hilfestellung dienen Symbole (⬤ , .) und kurze Aufgabenstellungen. Differenzierungen erfolgen hinsichtlich Quantität und Qualität. Sie sind im Punkt 6 detailliert nachzulesen.

Den Abschluss der Phase läutet ein „Frühlingslied" ein. Diese Methode ist neu und soll eine Abwechslung hinsichtlich des Beendens von Arbeitsphasen darstellen. Während die Musik im Hintergrund läuft, haben die Schüler die Möglichkeit, die Arbeit zu beenden, ihren Arbeitsplatz zu ordnen und sich zu sammeln.

Auswertung / Abschluss

Die Schüler werden mit ihren Arbeitsblättern in den vorbereiteten Sitzkreis gebeten. In der Auswertungsphase haben sie nun die Gelegenheit, die Stunde zu reflektieren und persönlich wichtiges auszudrücken. Die Auswertung hinsichtlich der Nutzung der kleinen Helfer erfolgt ebenfalls. Schwierigkeiten stellen auch in dieser Phase die eingeschränkte Kommunikationsfähigkeit einiger Schüler dar (Chr., A.). Durch den Einsatz von Modelliertechniken bzw. Satzmusterangebote werden diese verbessert. Schüler, welche alle drei Pflichtstationen erfüllt haben, bekommen einen Smilie – Stempel, die als positive Rückmeldung an die Schüler zu verstehen ist.

Als Stundenabschluss wird die Lösung des Rätsels aus Station „Krokus" an der Tafel vorgenommen. Die Schüler nennen die von ihnen entdeckten Grapheme und ordnen sie gemeinsam mit der LAA zu dem Wort „FRÜHLING". Da sich dieses Thema bereits in den Arbeitsmaterialien ausdrückte, kann nun der Bogen geschlossen werden, in dem die Schüler den heutigen Tag als Frühlingsanfang begreifen.

5. Verlaufsplanung „Entdeckungen im Hunderterfeld"

Zeit/ didakt. Fkt.	Lehrer – Schüler – Aktivität	Sozialform	sonderpädagogischer Kommentar	Medien
Hinf./ MO 3 - 5 min **Ü** 10 min	Begrüßung **L**: begrüßt die Schüler und fragt nach dem Befinden **S**: antworten **L**: Tagesablauf Tastübung **L**: gibt den S. Tastkarten in die Hand: „Nennt mir die Zahlen, die ihr ertasten könnt. Denkt daran: Es kann Zehner- und Einerstreifen auf der Karte geben." **S**: erfühlen die Zahlen und nennen sie; Kontrolle erfolgt durch den Blick auf die Rückseite **L**: schreibt die Zahlen an die Tafel. Aufgabe: • *Zähle von „70" bis zum nächsten Zehner vorw./rückw.* • *Ordne die Zahlen. Beginne mit der kleinsten/größten.* • *Vergleiche die Zahl „70" mit „23"*	Plenum rezeptiv – aktive Lernform aktive Lernform	• Rituale am Tagesbeginn schaffen Sicherheit und tragen zu einem angenehmes Klassenklima bei • Förderung Satzbildung und Artikulation durch Satzmusterangebot (Chr., A.) während des Begrüßungsrituals • Motivation durch die Tastübung (P.) • Fö. taktil - kinästhetischer Wahrnehmung; Aufmerksamkeit und Konzentration durch das Ertasten der Zahlen (alle) • Rekapitulieren von Vorwissen hinsichtlich des ZR 0 – 100 durch Zählen (vorw./rückw.), Ordnen und Vergleichen (alle)	Smilies Tastkarten
ZO/MO 5 min	Zielorientierung **L**: „Wir üben die Zahlen 0 - 100". An 3 Stationen wollen wir: • *fehlende Zahlen in einem Hunderterfeld suchen* • *Zahlen ordnen* • *ein Rätsel lösen* **L / S**: es werden kurz gemeinsam die VH Regeln geklärt: *P. - „Ich lerne leise"* *Chr. – „Ich lerne leise"* *I / A – „Ich melde mich"* **L**: Am Stationstisch zeigt LAA die Laufkarten und Stationskarten „Nennt die Aufgabenstellung S1/S2/S3." **S**: erklären die Aufgaben	Plenum U-Gsp.	• Schaffung von Transparenz hinsichtlich des Std-Ablaufs durch die ZO und die Piktogramme (Chr., P.) • Sicherung des Aufgabenverständnisses durch Erklären der Stationen sowie die Verwendung von Piktogrammen (A., Chr., D.)	Piktogramm Stationstisch Laufpläne Arbeitsblätter

Ordne!
Beginne mit der kleinsten Zahl.

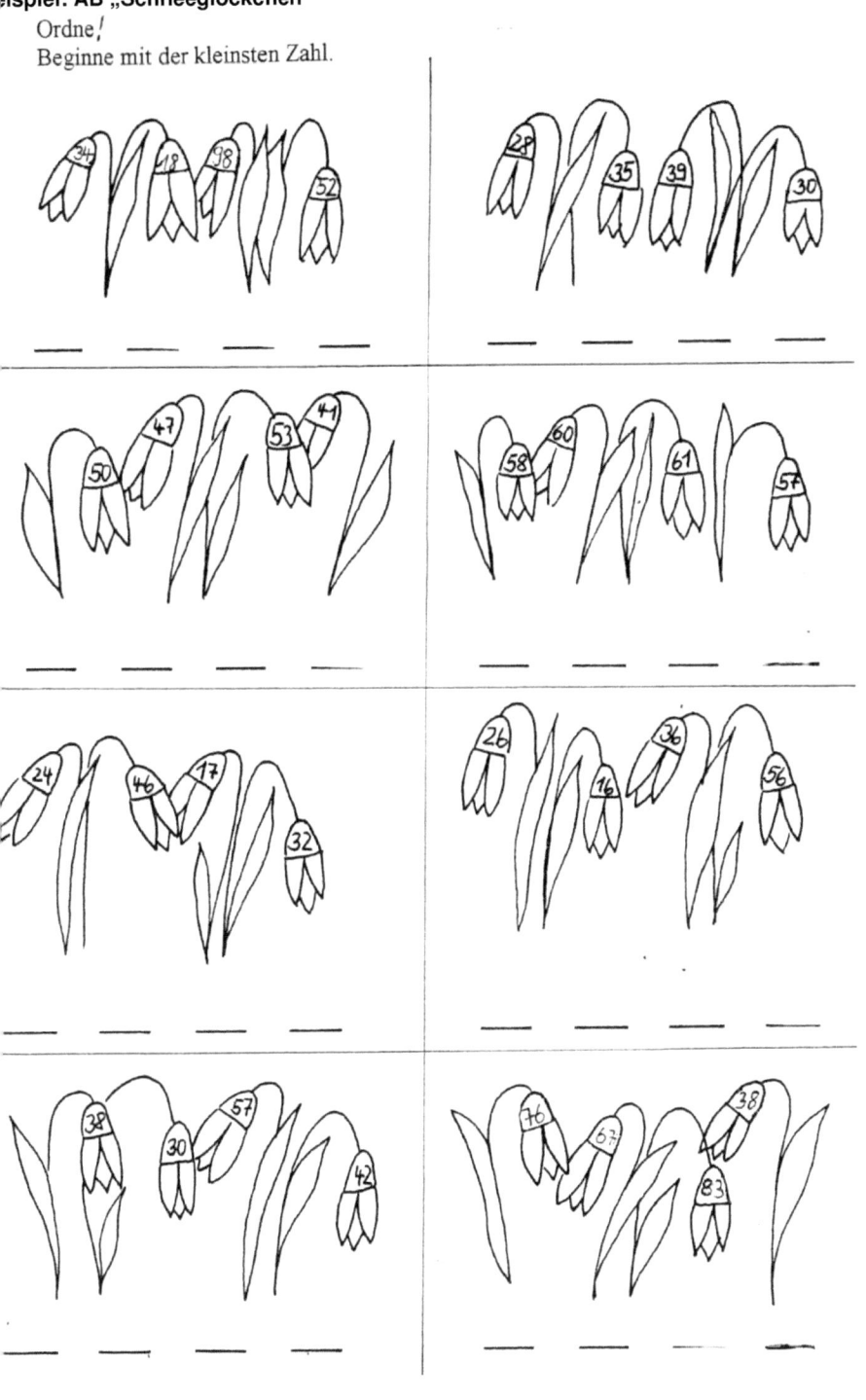

Trage die Zahlen ein!

									10
	🌷								20
								🌷	30
				🌷					40
🌷									50
					🌷				60
									70
								🌷	
			🌷						90
							🌷		100

Trage die Zahlen ins Hunderterfeld ein! Kannst du das Rätsel lösen?

12, 13, 14, 15, 16, 17, 22, 32, 42, 52, 53, 54, 55, 56, 62, 72, 82, 92

									10
									20
									30
									40
									50
									60
									70
									80
									90
									100

Für den Lehrer:
Die Buchstaben werden durch folgende Zahlen gekennzeichnet:

K – 12, 13, 14, 15, 16, 17, 22, 32, 42, 52, 53, 54, 55, 56, 62, 72, 82, 92

R – 14, 15, 16, 17, 18, 24, 28, 34, 8, 44, 48, 54, 55, 56, 57, 58, 64, 67, 74, 78, 84, 89

O – 3, 5, 13, 15, 32, 36, 42, 46, 52, 56, 62, 66, 72, 76, 82, 83, 84, 85, 86, 87

K – 14, 18, 24, 28, 34, 38, 44, 45, 46, 47, 48, 54, 58, 64, 68, 74, 78, 84, 88

U – 25, 35, 45, 55, 65, 75, 85, 86, 87, 88, 89

S – 19, 39, 49, 59, 69, 79, 89, 99

N – 12, 18, 22, 23, 28, 32, 34, 38, 42, 45, 48, 52, 55, 58, 62, 66, 68, 72, 77, 78, 82, 87, 88

G – 11, 12, 13, 14, 15, 16, 21, 27, 31, 41, 51, 53, 54, 55, 56, 61, 66, 71, 76, 81, 82, 83, 84, 85, 86

Zeit/ didakt. Fkt.	Lehrer – Schüler – Aktivität	Sozialform	sonderpädagogischer Kommentar	Medien
Ü 15 min	Arbeit an den Stationen genaue Beschreibung der Phase siehe 5.	aktive Lernform	· Schulung Selbstkontrolle durch den Einsatz von VH-Kärtchen (kleine Helfer) · Fö. der Selbstständigkeit durch das Bearbeiten der Stationen (A., M.) · Hilfestellung hinsichtlich der Handlungsplanung durch Verwendung von Laufzetteln (F.)	
Auswertung 5 min	Reflexion & Auswertung **L/S:** treffen sich im Sitzkreis **L:** wertet mit den Sch. die Freiarbeit aus: Klären schwerer oder bes. leichter Aufgaben; ggf. andere Hilfen vereinbaren **S:** lösen Station 3 „FRÜHLING" **L/S:** Heute ist Frühlingsanfang. **S:** bekommen Smily -Stempel **L:** beendet die Stunde	Kreis UGspr.	· Mo. durch Auflösen des Rätsels; Fö. Synthesefähigkeit durch Erfassen des Wortes „Frühling" (Chr., A.) · sachkundlicher/lebensnaher Bezug durch das Rahmenthema „Frühling" · Fö. Selbst- u Fremdeinschätzung durch d. Auswertung der Arbeit und d. VHs (L., Chr.)	Teppichfliesen TB

6. Übersicht über die differenzierten Schülerarbeiten in dieser Stunde

Station	Inhalt	Schüler
Station „Tulpe"	1. Die Schüler sollen die 10 fehlenden Zahlen im Hunderterfeld finden und eintragen. Die Aufgabenstellung wird von den Schülern erlesen. Als Hilfe ist das eigene Hunderterfeld erlaubt. kognitiver Anspruch: · sinnentnehmendes Lesen · Orientierung im ZR 0 – 100	L., F., Chr., P., M.
	2. Die Schüler sollen die 8 fehlenden Zahlen im Hunderterfeld finden und eintragen. Die Aufgabenstellung wird durch Piktogramme dargestellt. Als Hilfe ist das eigene Hunderterfeld erlaubt. kognitiver Anspruch: · Orientierung im ZR 0 – 100	A., D.
Station „Schneeglöckchen"	1. Die Schüler ordnen die Zahlen in den Schneeglöckchen der Größe nach und beginnen mit der kleinsten Zahl. (4 Blumengruppen). Piktogramme erleichtern das Erfassen der Aufgabenstellung. kognitiver Anspruch: · Orientierung im ZR 0 – 100 · Herstellen/Erkennen von Beziehungen zwischen den Zahlen im ZR 0 – 100 (Größenrelation)	A., D.
	2. Die Schüler ordnen die Zahlen in den Schneeglöckchen der Größe nach und beginnen mit der kleinsten Zahl. (8 Blumengruppen). Erfassen der Aufgabenstellung durch sinnentnehmendes Lesen. kognitiver Anspruch: · sinnentnehmendes Lesen · Orientierung im ZR 0 – 100 · Herstellen/Erkennen von Beziehungen zwischen den Zahlen im ZR 0 – 100 (Größenrelation)	L., F., Chr., P., M.

Station	Inhalt	Schüler
Station „Krokus"	Die Schüler entschlüsseln das Rätsel, indem sie Zahlen in das Hunderterfeld eintragen. Visuell entschließt sich dem Einzelnen ein Graphem, welches im Zusammenschluss mit denen der anderen Schüler ein Lösungswort ergibt. kognitiver Anspruch · Orientierung im ZR 0 – 100 · räumliche Orientierung im Hunderterfeld · Fö. der Figur – Grundwahrnehmung durch das Erkennen des Graphems	Zuordnung der Grapheme: F – D. R – F. Ü – M. H – Chr. L – I. I – A. N – *Zusatz* G – P.
Station „Osterglocke"	Domino Die Schüler legen das Zahlbild neben die richtige Ziffer. kognitiver Anspruch: Zuordnung Ziffer und Zahlbild. Unterscheidung Zehner / Einer	

15

7. Anhang

Piktogramm für die Unterrichtsstunde

Stationslernen

Auswertung

Mein Laufplan

Name: D.   Datum:_____

"Kleine Helfer"

Ich melde mich!

Literatur

Rahmenplan des Landes MV der allgemeinen Förderschule, Bd.1

Rahmenplan des Landes MV der allgemeinen Förderschule, Bd.2

Didaktik der Arithmetik, 3. völlig überarbeitete Auflage 2005

PADBERG, F.
BIRKHOLZ/DINGES/   Förderpädagogik Mathematik, Horneburg: Persen 2002
WORM (Hrsg.)
EBERWEIN, Hans   Handbuch Lernen und Lern-Behinderungen – Aneignungsprobleme, Neues
(Hrsg.):   Verständnis von Lernen, Integrationspädagogische Lösungsansätze. Beltz
                    Verlag Weinheim Basel 1996

GANSER, Bernd: Lese-Rechtschreib-Schwierigkeiten – Folgen eines gestörten
                    Lernprozesses? In: Akademie für Lehrerfortbildung und
                    Personalführung: Lese-Rechtschreibschwierigkeiten. Diagnose-
                    Förderung - Materialien, 2. erweiterte Auflage, Auer Verlag GmbH,
                    Donauwörth, 2001, 7-18

MARX, Ulrike /   Lesenlernen mit Hand und Fuß, Ausgabe Nord (Begleitband), 4. Auflage
STEFFEN, Gabriele: 1994 Verlag Sigrid Persen Horneburg/Niederelbe

OSBURG, Claudia: Gesprochene und geschriebene Sprache. Aussprachestörungen
                     und Schriftspracherwerb, Schneider-Verlag, Hohengehren, 1997

SCHMID-BARKOW,   Kinder lernen Sprache sprechen, schreiben, denken.
Ingrid: Beobachtungen zur Schrifterfahrung und Sprachbewusstheit bei
                     Schulanfängern mit Sprachentwicklungsstörungen, Europäischer
                     Verlag der Wissenschaften, Peter Lang GmbH, Frankfurt am Main,
                     1999